超有趣的云科学

① 云从哪里来

［日］荒木健太郎◎著

宋乔 杨秀艳◎译

中国纺织出版社有限公司

测一测你的
爱云技术等级

0级
看见过云

5级
能够利用雷达图知道何时下雨，从而不被雨淋

4级
拥有这套《超有趣的云科学》

3级
知道三种以上云的名称

2级
拍过云的照片，并在社交网络上分享

1级
曾经有过腾云驾雾的想法

10级

生命中不能没有云

9级

分享对云的热爱，改变其他人的生活

8级

预测云的出现，并开始追寻它们

7级

用肉眼对云质粒的种类进行大致判断

6级

能够预测大气光学现象，并亲眼验证

3

前言

　　曾经听到有人说"小时候经常仰望天空，现在都不留意看了"，可能很多人都有这样的感慨吧。大家还记得盛夏的感觉吗？蔚蓝的天空飘浮着大团大团的云朵，这一壮观景象让人真切地感受到夏天的热情。大家想必也见过，猛烈雷雨过后出现的让人心醉的美丽彩虹吧。

　　如果我们抬头仰望，几乎每天都能看到云朵，云作为大自然的一部分，一直都在我们身边。或许，很多朋友在竞争激烈的社会中拼搏，学生们忙于学业，成年人忙于工作，大家很少有机会再去仰望天空。我创作《超有趣的云科学》这套书的目的就是给这些朋友提供一个机会，让大家尽情享受仰望天空的乐趣。此外，对于那些平时留意观看天空、喜欢在社交网络上发布云和天空照片的朋友，我还会分享一些技巧，让大家能够遇到自己喜欢的云朵，享受更多观云乐趣。

刚开始我以"爱云的技术"为题目做讲座的时候，参加讲座的气象"发烧友"提问道："爱云还有技术吗？"是的，爱云也是有技术的。当然，即便没有这种"爱云的技术"，也可以很好地享受观云的乐趣。你可以尽情地想象乘坐"筋斗云"在天空遨游，可以惊叹于停留在山顶附近的长得像不明飞行物的奇怪云彩，你还可以和三两好友谈笑风生，望着云朵露出开心的笑容。然而，你要是学会了爱云的技术，你对云的爱会变得更加深沉。

　　现在我是一名专门研究云的"云彩研究者"，但是我之前并没有非常喜欢云。在写前一本书《云中发生了什么事》的时候，我第一次思考应如何描述云朵的"内心"，才算真正开始认识云。从那时起，云不再是单纯的研究对象，它们变得栩栩如生，开始跟我聊天，而我的世界也从此大不相同。我领悟到，只要主动去了解云，倾听云的声音并解读它的内心，我们就可以和云进行沟通，并爱上云。可以说，"越是相知，越是相爱"。我写这套书就是想和爱云爱得无法自拔的广大云友们分享，加深大家对云的喜爱，并把这种喜爱传播开来。

　　这套《超有趣的云科学》共分为5册，向所有爱云的小朋友和大朋友讲述关于云朵你需要知道的那些事。

在《超有趣的云科学 ①云从哪里来》里，你能学到和云相关的基本知识，初步认识怎样的大气条件下能产生云。

在《超有趣的云科学 ②这是什么云》里，你能学到世界各国气象机构统一使用的云朵名字和分类方法。这样，你就能认识遇到的云朵小朋友的名字了。

在《超有趣的云科学 ③天空大揭秘》里，你能看到更多美丽的云和天空现象，例如彩虹、宝光、月晕、曙暮光条等，还能学习它们背后的科学原理。

在《超有趣的云科学 ④云的超能力》里，你能认识云朵的更多用途。有的云能带来灾难，有的云能帮你躲避危险。

在《超有趣的云科学 ⑤云朵好好玩》里，你能学到各种各样的科学实验和游戏，供你和云朵小朋友一起玩耍，加深你们之间的友谊。

这套书大部分的内容讲解都配有照片和图解，所以你拿到书之后可以大致翻翻，从感兴趣的部分开始阅读。当你读着读着，觉得有些晦涩难懂的时候，不妨先去看看第5册放松一下。

如果通过本书，大家能够更好地和云相处，例如能更加了解云，能看到美丽的云和天空，能和带来恶劣天气的云保持适当的距离，那么我就心满意足了。

我把爱云技术水平分为从 0 到 10 的不同等级（读到这里的朋友，恭喜你，你已经达到 4 级水平了），尽管这个分级标准有一定的主观性，但还是建议大家在阅读正文之前先测试一下自己的等级，等到看完这套书、和云打过一段时间的交道之后，再来检查一下，看看水平提高了多少。

　　我还收集了映衬在蓝天下的白云（第 1 册卷尾）、色彩缤纷的虹彩云以及红彤彤的火烧云（第 5 册卷尾），也请大家欣赏一下这些能带来好心情的云朵。

　　我梦想着世间能够充满对云的热爱——有趣的云和天空可以让街上的行人停下脚步，让小朋友奔向不一样的大自然，云友们可以尽情抒发自己对云的喜爱。为此，我诚挚地希望借助此书，给云友们送上一个充实的爱云生活。

荒木健太郎

登场角色

某云彩研究者爱云爱得太痴迷，逐渐结识了一群"云友"。为了让大家更加喜欢云，这些云友们将现身说法，帮助他讲解云朵的知识。

空气块君

空气的团块，本书的中心人物。天真淳朴，身体大小会随着温度的变化而改变。喜欢水蒸气，喝了太多的水后，身体内的水会溢出来形成云

云朵

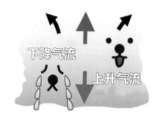

由大量的水滴和冰晶构成的组织，有很多种类。云朵是天真淳朴的老实孩子，它会通过伸展身体，告诉我们天空的情况和将要发生的天气剧变

水蒸气

气态的水，它的存在对云来说必不可少，颜色会随温度而变化

云滴

液态的水，形成云的成员之一

冰晶

固态的水，和水滴不太一样，外形多种多样

雪晶们

根据云的状态而改变自身的样子，是传达天空心情的信使

带有云滴的**晶体**

雪片

xiàn
霰

báo
雹

雨滴

在天空中不断相遇、离别，最后落下来的雨点

潜热

伴随着水的变身而吸收或者放出的能量

气溶胶颗粒

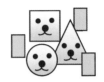

大气中漂浮的微粒，种类多，谜团也多，可以左右云的一生

太阳

明亮的光

暖空气

热而轻，迅速顺势而上

冷空气

冷而沉，擅长托举抬升

可见光战队·彩虹游骑兵

槽

台风

龙卷风制造机

温带气旋

观测者

相扑手

目 录

1 天空没有两朵完全一样的云

2 云的真相

3 云粒子的世界和云成核实验

4 地球大气如何孕育云

5 云和风的关系

1

天空没有两朵
完全一样的云

图 1　夏天的暑气和秋天的凉气相遇产生的云朵

2016 年 8 月 3 日摄于日本茨城县筑波市

 你喜欢云吗

　　云就好像小孩子，有着不一样的名字、不一样的性格（图 1）。云和人一样具有个性。如果大家遇到了喜欢的人，就会想要知道那个人的名字和性格。比方说，如果遇到相貌美丽、性格开朗的人，就会产生好奇心，然后会继续观察，从而了解这个人的爱好、周围的朋友、成长环境和行为模式。逐渐了解之后，你还可以预测对方

图 2　　染上了霞色的双彩虹

2017 年 8 月 8 日摄于日本东京都西东京市，寺本康彦供图

的行动，然后想办法相遇。这一点不仅适用于人类，也适用于云朵。

生活在地球上的我们，与云有着深厚的缘分。云就像我们的家人一样，几乎每天都能见到。正因为云对我们来说是如此的熟悉，所以，如果我们不只关注它们的外表，连性格和行为模式也去了解一下的话，就会对它们产生兴趣，交流也会逐渐顺畅起来。

一旦能和云交流，我们就能自行发现美丽的云和天空（图2）。只要具备基本的气象知识，知道大气现象的构成、产生条件等，那么遇见美丽景象的概率就会飞跃性地提升。而且，在注意到云的情绪变差时，我们能够与之保持适当的距离，保护自身远离自然灾害。当我们学会看云识天气，懂得根据云、天空来预测天气的变化时，云就会舒展开身体，向我们传达天空的心情（状态）。有些会招来灾害的云常常被当成"坏家伙"，但其实它们的存在是一种预兆，让我们看到未来，告诉我们危险即将到来。

云朵根据大气运动和状态而改变自身的形态，表明了它们的纯朴；云朵严格遵守物理法则来行动，体现了它们讲规矩，这些都让人愈发热爱云朵。

爱云的技术是一门"每天熟悉和喜爱云朵，并聆听云朵告诉我们天空的心情"的技术。

爱云的方式因人而异，很多人都喜欢外貌美丽、气质优雅的云朵，只要能够有幸遇到夏日天空升起的浓积云、染上了虹彩色的云和天空，就会十分开心。

"云"究竟是什么

那么，究竟什么是**云**呢？云是一种肉眼可见的、由飘浮在地球大气中的大量微小水滴（即**云滴**）和冰的晶体（即**冰晶**）所组成的集合体。云之所以能展现出各种各样的姿态，是因为云滴和冰晶会随着大气流动而流动。

构成云的云滴和冰晶统称为**云质粒**。

云朵小知识

云滴的直径一般在100微米以下，是悬浮在空气中的小水滴。

云质粒以1厘米每秒左右的速度在大气中降落，然而，因为大气中存在超过该速度的**上升气流**，所以云质粒能够浮在大气中。另外，虽然单个的粒子过于微小，我们无法看到，但是非常多的云滴和冰晶集合在一起，使太阳光中我们肉眼可见的**可见光**发生散射，这样我们就能够看到云（第3册第1章）。

想象一下，浮在空中的一朵朵云都是由数量庞大的粒子组成的，不禁有些心潮澎湃了吧。

云的真相

水的相变

这里，让我们先把重点放在云的身体上。浮在空中的那些形成云质粒的云滴和冰晶是由水形成的。水具有气态的水蒸气、液态的水滴、固态的冰晶这三副面孔（**相**），我们将水在这三种相之间的转变称为**相变**（图3）。

水所具有的能量（**热量**）因相的不同而不同，能量从高往低依次是气态、液态、固态。因此，大气中的水如果要从一种相转变成另一种相，就需要吸收或释放能量。它吸收或释放能量的对象则是周围的空气，随着大气中的水发生相变，周围的空气被加热或被冷却。因转变成的相不同，热量对应的称呼也不同，可以统称为**相变潜热**或者**潜热**。人出汗时，吹一吹电风扇就会感到凉爽，这是因为皮肤上的汗（液态的水）蒸发变成水蒸气时吸收并带走了皮肤及其周围的潜热。

云产生、成长时，首先是水蒸气经过凝结、凝华的过程形成云质粒（图4）。这些过程不只发生在云的表面，也发生在云的内部。正因为这样，在成长中的云内，随着水的相变而释放出潜热，云内的空气会比外面的空气稍微温暖一些。

另外，在云内成长起来的水滴、冰晶最终会变大，变成雨或雪，

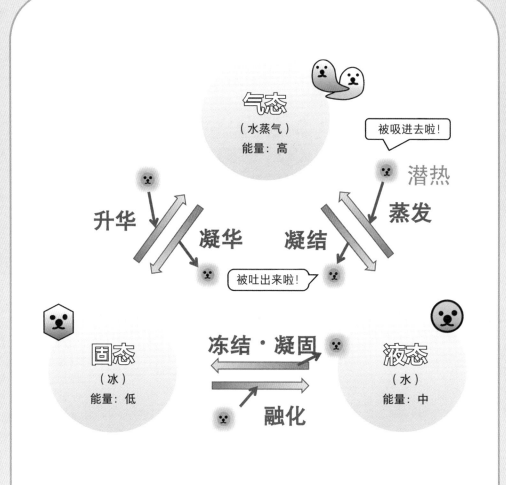

●图3 水的相变及其伴随的潜热释放和吸收

潜热释放

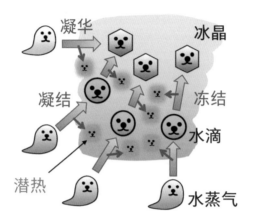

凝华　冰晶

凝结　冻结

潜热　水滴

水蒸气

潜热吸收

冰晶　升华

融化　水滴

蒸发

水蒸气

☁ 图4　云中的潜热释放及吸收

并向云的下方降落。这种从云中降落的水构成的粒子称为**降水粒子**。降水粒子降到地面上的现象称为**降水**，这种情况下，降水粒子如果是雨就称为**降雨**，如果是雪就称为**降雪**。

降水粒子在下落的时候，有时会在气温 0 摄氏度的层（融化层）发生雪的融化，有时是与云周围的干燥空气接触发生升华、蒸发。这样一来，周围的空气因为潜热被带走了而变冷、变重，因此产生了下降气流，这种下降气流会因为下落的降水粒子拖拽周围的空气而加速，这种效应称为载入效应。

也许可以说，**云成长壮大的时候会变热，但是云衰老的时候会感觉身体和内心都有些冷。**

# 水蒸气和空气块

云质粒包含的云滴和冰晶都是水，所以对于云的产生来说，水蒸气是必不可少的，水蒸气是大气中的气体之一。这里，我们可以试着想象一下某一温度下的空气块（parcel），在本书中，我们将把这种空气块拟人化，称其为空气块君，并让空气块君为我们做一次生动形象的讲解吧（图5）。空气块君如果完全不含水蒸气，就称为干燥空气，如果含有水蒸气，则称为湿润空气。

空气块君是比较喜欢含有一定水蒸气的。空气块君吸收水蒸气一直吸到饱之后所呈现出的状态，我们称之为饱和，这是图5中水蒸气测量表刚好满载的状态；空气块君还未吸足水蒸气时的状态称为不饱和；即使超过临界点仍然能继续吸收水蒸气的状态则称为过饱和。表示水蒸气含量的指标是湿度（百分比单位），饱和时湿度为100%。空气块君很能忍耐，在实际的大气中，湿度可能会略微超过100%，但是，因为某些原因，一旦超过临界就会凝结，形成云滴、冰晶，它们就是形成云的云质粒。

此外，空气块君温度高的时候，就会含有很多水蒸气，相反，温度低的时候基本不含水蒸气。具体地说，0摄氏度的空气块君每

立方米含有大约 5 克水蒸气，而同样体积下，40 摄氏度的热空气块君能摄取大约 50 克的水蒸气。电视上的天气预报节目中会出现"温暖潮湿的空气……某些区域将会有雨"的叙述，就是因为高温的空气包含更多的水蒸气，容易和大雨等现象产生关联。

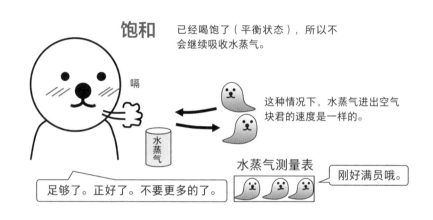

● 图 5　饱和、不饱和与过饱和

 # 水在零度不结冰

　　水在 0 摄氏度结冰，这是大家都知道的常识。然而，在云中，即使在低于 0 摄氏度的温度下，也存在液体状态的水滴。这种不结冰、保持着液体状态的过度冷却的状态被称为过冷却，此时的云滴被称为过冷却云滴。

　　我们用冰柜制冰时，制冰盒的水会与容器接触（图 6）。事实上，"水在 0 摄氏度结冰"是一个很严格的条件。如果水与容易成为冰核的物体接触，或者水中含有容易变成冰核的杂质，那么温度一旦低于 0 摄氏度水就会开始结冰。然而，**在云中，云滴是孤独的，和谁也不接触。** 因此很难结冰，实际上在云朵内即使是零下 20 摄氏度的低温环境下也存在过冷却云滴。

　　气温低于 0 摄氏度时，空气块君的行为举止也和常温下略有不同，可以分为相对于过冷却水的饱和（水饱和）和相对于冰的饱和（冰饱和）（图 7）。空气块君在低温环境下能够咕嘟咕嘟地摄取液体水，但是冰不会这样，冰会很快达到饱和。所以，过冷却云滴的成长需要大量的水蒸气，而冰晶的成长所需的水蒸气量较少。因此，同样的环境下，如果过冷却云滴与冰晶同时存在，周围大气中的水蒸气就会向更容易生长的冰晶靠近，缺失的水蒸气会由过冷却云滴蒸发

冰格里的冰

与容器接触，或以杂质为核，就能变成冰。

云内的过冷却云滴

在云中因为不和其他物体接触所以很难结冰。

※ 即使在零下 20 摄氏度，也存在很多过冷却云滴。

☁ 图 6　云内的过冷却云滴

来补充，结果相当于冰晶夺取周围云滴蒸发的水分。这就像在云中打了一个洞，生长的冰晶便会形成拖尾状的云朵（第 4 册第 2 章）。这样想象一下云滴和冰晶交换水蒸气的样子，会觉得挺有意思的。

冰饱和与水饱和

冰饱和

咕嘟咕嘟

空气块君更擅长喝水而不擅长吃冰，很快就会饱和（冰饱和）。

足够了。冰已经吃不下了。

用于冰的
水蒸气测量表

即使水蒸气数量不再增加，也会凝华变成冰。

水蒸气 → 冰晶

水饱和

咕嘟咕嘟

在相同温度下，如果不是冰而是水的话，就能够喝得相当多。

冰已经够了，但是想要更多的水蒸气让水也饱和。

用于水的
水蒸气测量表

对于水来说，水蒸气测量表的最大值比在冰的情况下大哦。

为了通过冷却来进行凝结，需要很多水蒸气！

水蒸气

过冷却云滴

☁ 图 7 冰饱和与水饱和

3

云粒子的世界和
云成核实验

云中发生的事

让我们来看看云中的世界吧。在云中，各种云质粒们相遇、牵手、离别，像精彩的电视剧一样展开。云质粒在云中相互作用并产生相变的过程称为**云物理过程**（图8）。

如果把构成云的粒子分成水和冰，那么可以把云分为由液态的云滴形成的**暖云**和含有固态冰晶的**冷云**。全是由液态水构成的云称为**水云**，全是由固态冰晶构成的云称为**冰云（冰晶云）**，既含有液态水又含有固态冰晶的云则称为**混相云（混合云）**。

在云中，粒子们经历各种各样的过程变大或者变小，熙熙攘攘，非常热闹。在图8中，红色文字表示的过程是伴随有水的相变的过程，蓝色文字表示的过程是没有发生相变、没有与大气发生潜热交换的过程。这些过程，大家不妨仔细地看一看。

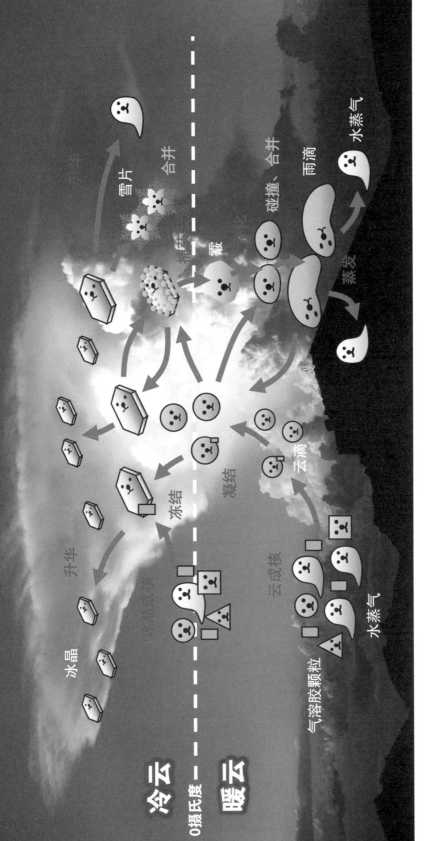

● 图 8　云物理过程的图解

云和气溶胶颗粒

　　气溶胶颗粒（Aerosol）是一种悬浮在大气中的液态、固态的微粒，也称气溶胶粒子、气溶胶质粒。大多数情况下，云滴是以气溶胶颗粒为核心产生的，这种过程称为**成核**。当核心微粒产生云滴时，称为**云成核**；当核心微粒产生冰晶时，称为**冰晶成核**。

　　让我们做一个实验来感受一下成核吧（图9）。首先，准备一碗热气腾腾的汤。汤里冒出来的热气是由水蒸气凝结而成的飘浮在大气中的水滴，是一种肉眼可见的东西，所以可以将它称为云滴。接着，让我们把一支点着了的线香靠近热汤。那么，接下来会发生什么事情呢？热气是不是冒得更剧烈了？这并不是说这碗汤的温度增加了，而是因为香的烟粒导致了云成核，产生云滴的数量增加了。

　　在这里，让我们先把气溶胶颗粒的相关内容说清楚。大气中气溶胶颗粒的大小从1纳米(一百万分之一毫米)到100微米(0.1毫米)都有。每立方厘米大气中存在1000到100万个小小的气溶胶颗粒。气溶胶颗粒的特性之一是通常在陆地上的城市区域比较多，在海上比较少。

　　气溶胶颗粒的种类有很多，在城市区域常见的是 ^{xiāo}硝 酸盐粒子、^{liú}硫酸盐粒子、烟尘粒子（碳），在内陆常见的是**土壤粒子（灰尘）**、

● 图9 用点着了的线香靠近热汤的实验

矿物粒子，在海上则是**海盐粒子**较为常见（图10）。这些粒子因来源不同而被分成不同种类，海上因为波浪的飞沫而产生的海盐粒子、沙地上被风卷扬起的矿物粒子等被称为自然发生的**天然源气溶胶颗粒**。除此之外，因汽车、工厂排放的废气等人类活动引起的粒子被称为**人为源气溶胶颗粒**，花粉、细菌等来源于生物的气溶胶颗粒则被称为**生物源气溶胶颗粒**。

气溶胶颗粒的种类、状态如果不一样，那么它们成核的难易度也不一样。可实现云成核的气溶胶颗粒被称为**云凝结核**，代表性的物质有海盐粒子、硝酸盐粒子等水溶性的气溶胶颗粒。另外，矿物粒子、生物源气溶胶颗粒等非水溶性（**疏水性**）的粒子可以实现冰晶成核，故被称为**冰晶核**。

下面请饱和空气块君为我们说明云成核的相关知识（图11）。在没有云凝结核的纯净环境下，持续给饱和的空气块君提供水蒸气，

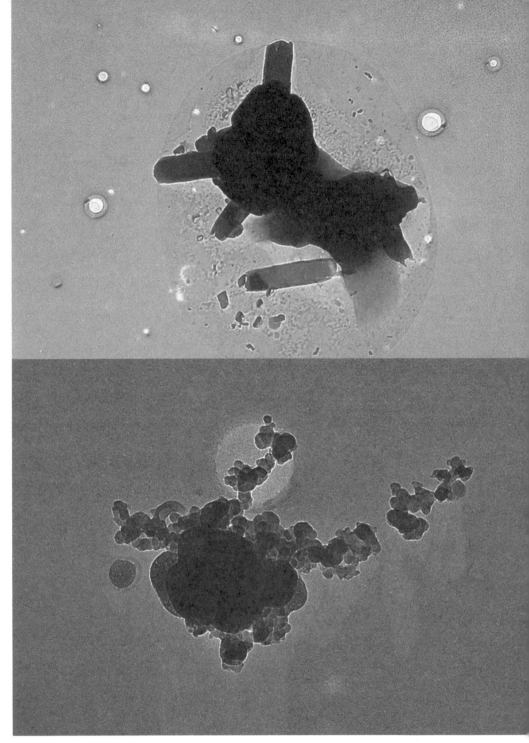

● 图 10　有代表性的气溶胶颗粒的电子显微镜照片

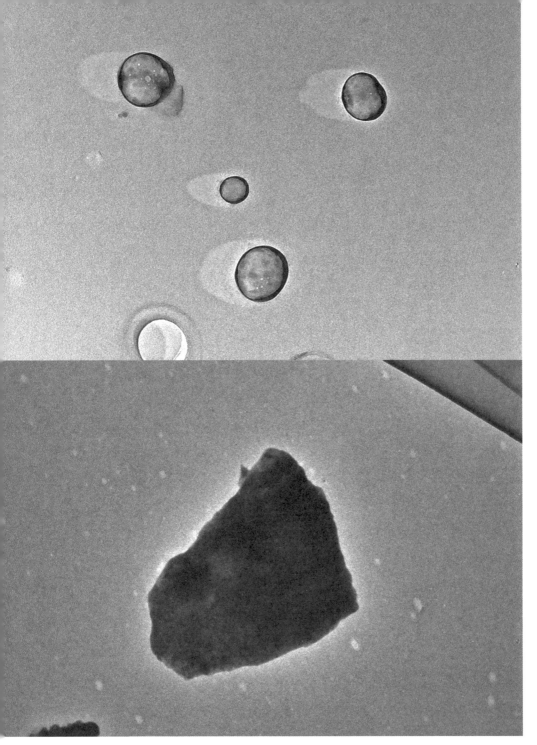

左上：海盐粒子；右上：硫酸盐粒子；左下：烟尘粒子（碳）；右下：土壤粒子

日本气象厅气象研究所财前祐二供图

25

1 饱和空气块君

湿度 100%

水蒸气

嗝

虽然过饱和，但是还能忍耐着含住水蒸气的空气块君。我们让空气块君吃一点小吃吧！

今天有点吃多了，要不要再稍微吃一点呢？

2 小吃

（起到核心作用的气溶胶质粒）

成核能力一般的气溶胶颗粒

成核能力强的气溶胶颗粒

③ 没吃小吃时

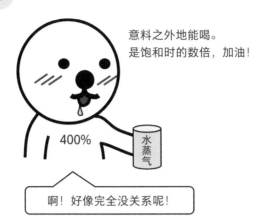

意料之外地能喝。
是饱和时的数倍，加油！

400% 水蒸气

啊！好像完全没关系呢！

④ 吃了成核能力一般的小吃时

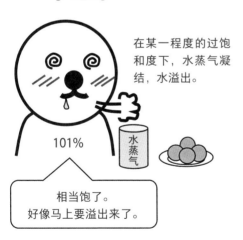

在某一程度的过饱和度下，水蒸气凝结，水溢出。

101% 水蒸气

相当饱了。
好像马上要溢出来了。

⑤ 吃了成核能力强的小吃时

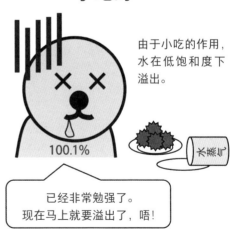

由于小吃的作用，水在低饱和度下溢出。

100.1% 水蒸气

已经非常勉强了。
现在马上就要溢出了，唔！

☁ 图 11　气溶胶颗粒的成核图解

那么空气块君就会吸收大量水蒸气，理论上，湿度可以高达百分之几百而不发生云成核。但这种极高的湿度并没有被观测到，在现实大气中，气溶胶颗粒引起云成核，水蒸气从空气中溢出变成水。如果存在具有成核能力的气溶胶颗粒，那么**过饱和度**（超过 100% 的部分的湿度）即便在 1% 以下，也会引起云成核。另外，如果存在成核能力较高的气溶胶颗粒，即使过饱和度只有 0.1% 左右，也会形成云滴。

单个的气溶胶颗粒非常小，小到肉眼看不见的程度，但是由于其数量巨大，仍然会改变云的形成和发展。

可以说，气溶胶颗粒对于以它们为媒介的降水现象以及全球气候都会产生很大的影响。

有趣的水粒子

现在让我们进入云中，先看看水和冰的小颗粒们的生长过程。首先，在暖云中，由云成核所产生的小的球形云滴是通过吸收周围大气中的水蒸气来生长变大的（**凝结生长**）。云滴的半径大体上是1—10微米（0.001—0.01毫米）的范围，其直径相当于人类头发直径（大约 0.1 毫米）的五分之一左右（图12）。慢慢变大的云滴开始下落，与下落速度不同的其他云滴碰撞、粘连在一起，加速度随之变大（**碰**

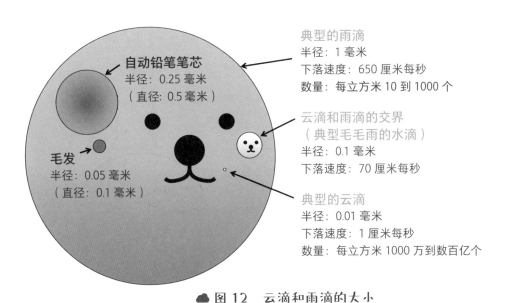

自动铅笔笔芯
半径：0.25 毫米
（直径：0.5 毫米）

毛发
半径：0.05 毫米
（直径：0.1 毫米）

典型的雨滴
半径：1 毫米
下落速度：650 厘米每秒
数量：每立方米 10 到 1000 个

云滴和雨滴的交界
（典型毛毛雨的水滴）
半径：0.1 毫米
下落速度：70 厘米每秒

典型的云滴
半径：0.01 毫米
下落速度：1 厘米每秒
数量：每立方米 1000 万到数百亿个

☁ 图 12 云滴和雨滴的大小

撞、碰并增长）。这样生长而成的云滴是**雨滴**，这种云滴的半径大约是 1 毫米，其直径大约是自动铅笔芯直径（0.5 毫米）的四倍。

雨滴一旦变大，下落时就会受到空气的阻力。因此，球形雨滴的下部变得较为平坦，形成像馒头一样的形状（图 13）。虽然以雨为主题的卡通形象大多被画成头部比较尖的样子，但是，在现实大气中是不存在这种形状的雨滴的。有鉴于此，在表现雨滴的作品中，要是将雨滴描绘成了馒头形，可以说该作品对雨滴的了解是很深的。雨滴继续变大，大到相当于半径（**等效半径**）2.5—3 毫米的球时，便会**分裂**开来。除此之外，与其他的云滴、雨滴碰撞也可能会发生分裂，其分裂的方式多种多样。

飘落在地上的雨滴是由小云滴们先合力变成一个，进而不断生长，经历多次相遇和离别才形成的。这种跌宕起伏的情节，宛若人的经历一样。虽然在雨天，人们常常会产生阴沉的情绪，但请大家不妨展开想象的翅膀，想象这是一部关于雨滴们的电视剧吧。

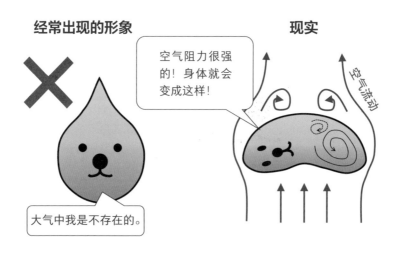

图 13　雨滴的真实形状

有趣的冰粒子

接着，让我们再去冰晶们汇聚一堂的冰云里面看看吧。冰晶成核有各种各样的模式，冰晶可以是由气溶胶颗粒直接产生的，还可以在以过冷却云滴内的气溶胶颗粒作为冰晶晶胚（pēi）而形成的稳定晶体构造上产生。另外，在零下 40 摄氏度以下的极低温大气中，即便不存在气溶胶颗粒，过冷却云滴内也可能会形成冰晶的晶核，这称为冰晶的**均相成核**，同时也可以将需要气溶胶颗粒的成核统称为**非均相成核**。冰的粒子产生方式和水的不同，是多种多样的。

上述方式产生的冰晶，吸收周围的水蒸气而生长（**凝华生长**），最后变成雪晶。一说起雪晶，我想大家会联想到在冬天街头看到的那种六个分枝形状的装饰品吧。这种形状是从六角形冰晶的六个角上延伸生长出枝权而成的。

那么，为什么云中的冰晶和雪晶是六角形的呢？让我们来了解一下这个问题。

冰晶成核所产生的冰晶，其晶胚是水分子小伙伴们相互结合而成的。一开始的时候，水分子（H_2O）的一个氧原子（O）和两个氢（qīng）原子（H）呈 104.45 度角（**结合角**）（图 14）。水分子内氧原

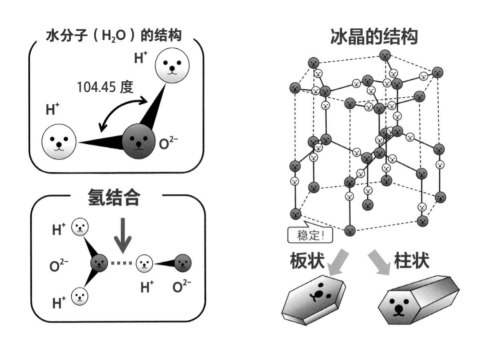

☁ 图 14　冰晶基本都是六角形构造的原因

子吸引电子的能力（**电负性**）比氢原子强，构成水分子的氢原子稍微带一点点正电荷，与之相反，氧原子带一点点负电荷。于是，在具有正负电荷的原子之间，相互吸引的力（**静电引力**）发挥了作用，一部分水分子的氧原子与另一部分水分子的氢原子手拉手结合在一起，这被称为**氢结合**。

　　在氢结合的水分子中，一个氧原子与三个氢原子手拉手结合，所以，为了取得平衡，其结合角刚好是 120 度。水分子连接在一起形成的稳定结构的冰晶，是六棱柱状冰晶，它是由氧原子堆叠成的六边形晶格（图 14 右上）组成的。这种结构的冰晶，在不同温度下可能长成板状，也可能长成柱状。所以冰晶和雪晶是六角形的。

生长后的雪晶会长成非常多样的形状，被称为"晶癖^{pǐ}"。雪晶的分类方法有很多种，过去使用的雪晶的**一般分类**中，雪晶被分成了41类（图15），在近年来的研究成果基础上，又有学者提出了**雪晶的综合分类**，它包括8个大类、39个中类和121个小类。比较常见的是综合分类的片状晶体群中的树枝状晶、复合片状晶，除此之外还有针状晶、御币状晶、鸥状晶（图16）。如果把具有六片花瓣形状的雪晶称为六瓣，那么除了二瓣、三瓣、四瓣，花瓣较多的还有十二瓣、十八瓣、二十四瓣（六的倍数）等。雪晶的造型很美，我们只要凝视它们一会儿，便会欢欣雀跃。

雪晶的"晶癖"是根据该晶体生长所在的大气的状态（气温、水蒸气含量）而变化的，可能会具有晶体的一部分呈阶梯状的**骸晶^{hái}结构**（图17，小林祯作博士的**小林图表**）。因此，如果能够解读飘落在地上的雪晶的形状，就能够理解孕育出该晶体的云的心情。正因为这样，物理学者、随笔家中谷宇吉郎博士（1900—1962）留下了"雪是天上寄来的信札^{zhá}"的名言，并在1936年首次成功制作出人工雪晶。

在天空，雪中成长的雪晶如果牵手，就会变成从天空飘落的**牡丹雪**（图18），这种雪被称为雪片，是枝状雪晶等黏在一起变大（**碰并增长**）而形成的。另一方面，降下来的也有可能是表面不平整的圆团形，被称为**霰**^{xiàn}（图19）。在云中下落的雪晶，表面一旦黏附上过冷

> **云朵小知识**
>
> 牡丹雪：日语中指多个雪晶附着而成的像牡丹花瓣那样的大雪花，即我们所说的鹅毛大雪。

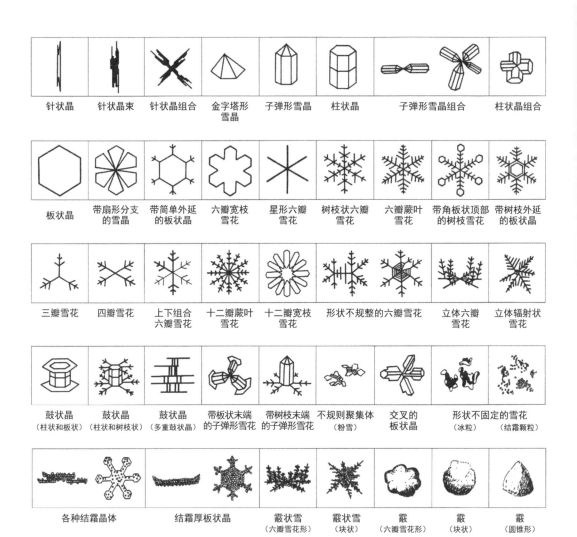

针状晶	针状晶束	针状晶组合	金字塔形雪晶	子弹形雪晶	柱状晶	子弹形雪晶组合	柱状晶组合
板状晶	带扇形分支的雪晶	带简单外延的板状晶	六瓣宽枝雪花	星形六瓣雪花	树枝状六瓣雪花	六瓣蕨叶雪花	带角板状顶部的树枝雪花	带树枝外延的板状晶
三瓣雪花	四瓣雪花	上下组合六瓣雪花	十二瓣蕨叶雪花	十二瓣宽枝雪花	形状不规整的六瓣雪花	立体六瓣雪花	立体辐射状雪花
鼓状晶（柱状和板状）	鼓状晶（柱状和树枝状）	鼓状晶（多重鼓状晶）	带板状末端的子弹形雪花	带树枝末端的子弹形雪花	不规则聚集体（粉雪）	交叉的板状晶	形状不固定的雪花（冰粒）	（结霜颗粒）
各种结霜晶体		结霜厚板状晶		霰状雪（六瓣雪花形）	霰状雪（块状）	霰（六瓣雪花形）	霰（块状）	霰（圆锥形）

摘自中谷宇吉郎所著《雪晶》一书（1954）

☁ 图 15 雪晶的一般分类

日本中谷宇吉郎冰雪科学馆供图

● **图 16　各种各样的雪晶**

左上：带扇形外延的板状晶；右上：六瓣蕨叶雪花；左中：子弹形雪晶组合；右中：带树枝末端的
鼓状晶；左下：针状晶；右下：御币形雪花。上述名称均依据雪晶的综合分类。藤野丈志供图

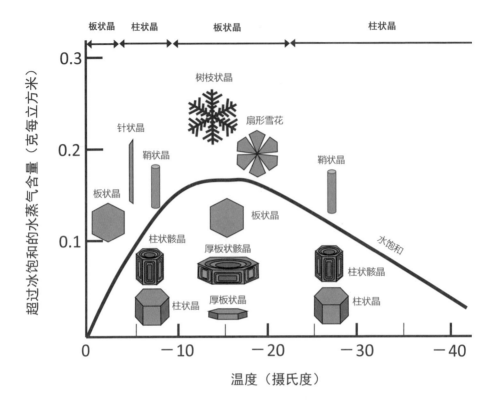

板状晶　柱状晶　　板状晶　　　　　柱状晶

图 17　雪晶的晶癖及其成长环境（小林图表）

却云滴，那么在黏上的瞬间就会冻结。这种附着有云滴的雪晶一边旋转一边下落，吸收过冷却云滴逐渐变大（**云滴捕获生长**），最后就形成了霰。关于这些从天上寄来的信札，我会在第 5 册第 2 章介绍阅读它们的方法。

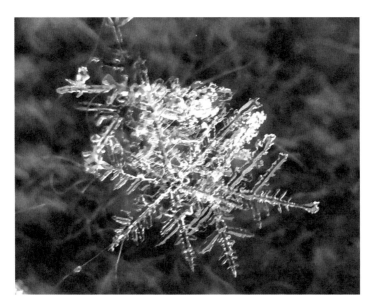

☁ **图 18　树枝状六瓣雪花**

2017 年 1 月 20 日摄于日本茨城县筑波市

☁ **图 19　霰，又称雪丸**

　　　xì

2017 年 2 月 11 日摄于日本新潟县长冈市

地球大气如何孕育云

产生云的大气层

　　我们需要呼吸空气来维系生命。我们在大气中生活，同样，云也是在大气中孕育生长的。让我们来看一看地球大气的结构吧。

　　地球上的大气从地表到大约 80 千米的高空，其化学成分大致是一样的，干燥空气中氮（dàn）气所占的体积比大约是 78%，氧气所占的体积比大约是 21%，此外，氩（yà）气和二氧化碳等气体所占的体积比不到 1%。水蒸气也是组成大气的气体之一，但是因为季节、位置的不同，水蒸气所占的体积比变化很大，因此，最好是区别开来研究。

　　如果我们拿着一包薯片上山，薯片包装袋就会膨胀，这是因为越往上走，空气的气压越低。如字面意思一样，气压是用来表示空气压力的，指的是物体自身之上全部空气的压力。气压的单位是百帕（hPa），我们在手掌（10 平方厘米）上放一根黄瓜（100 克），感受到的压力就是 1 百帕。在地球上的大气中，高度每增加 10 米，气压就会减弱 1 百帕左右。气压因为气压分布情况、日变化等因素而发生变化，但大体上说，地面上的气压是 1000 百帕左右。虽然我们几乎感觉不到这个压力，但是，我们其实是在"相当于在手掌上放了 1000 根黄瓜（100 千克）"那样重的空气中生活的。

此外，大气层离地面最近的部分称为**对流层**，对流层中的大气越往上气温越低，所以我们爬山时越往山顶爬越觉得冷。气温下降的比例（**气温直减率**）是每千米约 6.5 摄氏度，大部分云是在对流层内产生的（图 20）。对流层和对流层上一层之间的界限称为**对流层顶**，其高度是越靠近赤道的低纬度区域就越高，越靠近北极的高纬度区域就越低。对流层顶的高度平均大约是 11 千米，在中国北方、日本、韩国一带，冬季可能会降到 10 千米以下，夏季可能会增加到 15 千米以上。

因为对流层顶是常见的云可以发展的最大高度，由此我们可以知道，随着季节的变化，常见的云所能发展的最大高度也不同。

从对流层顶往上，到高度大约 50 千米的地方是**平流层**。在平流层的下部 10 千米左右，气温大体上是一样的，在这部分以上，越往上气温越高。这是因为在中纬度上、高度 10—50 千米的部分存在**臭氧层**，臭氧吸收太阳射出的紫外线，导致升温。

从平流层以上到高度 80—90 千米的部分是**中间层**，在中间层，越往上气温越低。在平流层和中间层都可能产生**特殊的云**（第 2 册第 4 章）。与对流层顶一样，这两层与其上一层之间的界限分别被称为**平流层顶**、**中间层顶**。

中间层往上是**热层**，在热层，大气的密度非常小，大气的组成也和中间层及以下各层不一样。在热层，由于太阳射出的紫外线的影响，越往上温度越高，位于热层内的**电离层**会产生极光（第 3 册

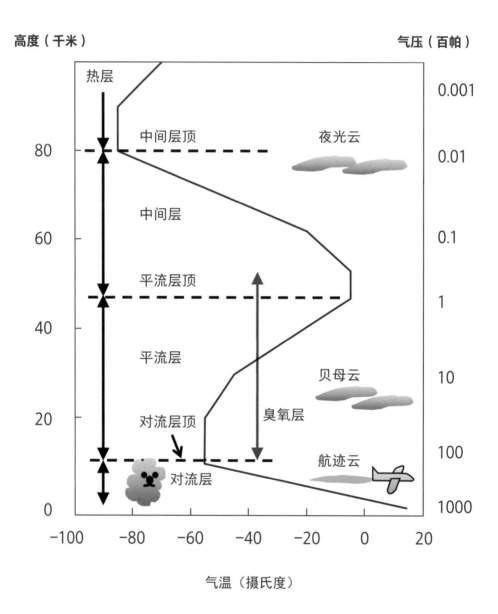

图 20 日本附近气温的高度分布图

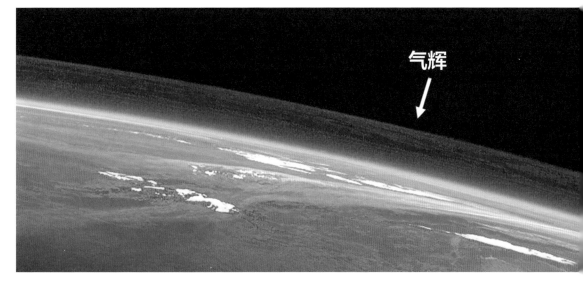

气辉

图 21 北半球高纬度地区的大气层

2015 年 7 月 10 日，日本国立研究开发法人情报通信研究机构（NICT）提供的"向日葵 8 号"的可见光图像经色彩修正之后的图片

第 5 章）。

让我们试着从太空观察一下地球大气层吧。图 21 是日本气象卫星"向日葵 8 号"拍摄的北半球高纬地区。看上去发蓝、覆盖着地球的那层基本上就是对流层。此外，可以看到其上方有淡淡的亮光，这种光被称为**气辉**，是高层大气中的一种发光现象。像这样从太空回望地球，就能真切地感受到对流层相比地球半径来说只是薄薄的一层，然而正是在这薄薄的一层大气中产生了各种各样的云。

产生云的大气条件

如果我们对云产生了兴趣，就会开始好奇，想知道平常在天空遇见的、引人注目的那个云朵小朋友是在什么样的环境下产生的。让我们来思考一下产生云的大气条件吧。

要说起来，云是利用成核之后生成的云质粒来进行造型的，但是，这种情况下空气很冷，所以接近饱和了。空气很冷的一个主要原因是被寒冷的地面等吸收了热量（**热传导**）。在晴朗的夜晚，空气通过辐射冷却之后，于次日早晨产生的辐射雾就是一个典型的例子（第4册第2章）。空气与寒冷空气混合的时候，也会因此变冷。寒冷的冬日我们呼出的白气、热汤的热气等，都是温暖湿润的空气与冷空气混合后饱和所生成的一种"云"。

此外，空气上升的时候也会变冷。想象一下空气与周围的环境不进行热交换的**绝热过程**，让温度与周围环境温度一样的空气块君做上下运动吧（图22）。

首先，在空气块君是干燥空气的情况下，使其上升，因为上方气压低，所以空气块君的身体会膨胀（**绝热膨胀**）。于是，在身体增大的同时，空气块君因为工作而疲劳，失去了热量，温度降低了（**绝热冷却**）。

相反，空气块君下降时，周围环境的气压高，因此空气块君受到压迫而被**绝热压缩**。于是，与之对应的热量被留在了体内，温度又上升了（**绝热升温**）。

另一方面，在空气块君是湿润空气的情况下，如果上升，空气块君就会变冷，那么其可摄取的水蒸气含量就会减少。这位空气块君一旦达到饱和，就会一边吐着水一边上升。此时，因为从水蒸气到水滴的相变而放出潜热，因此，与干燥空气的情况相比，空气块君的冷却变慢了。

实际上，干燥空气的气温直减率是每千米大约 10 摄氏度（**干绝热直减率**），湿润空气的气温直减率是每千米大约 5 摄氏度（**湿绝热直减率**）。

产生云的对流层的平均气温直减率是每千米大约 6.5 摄氏度，比湿绝热直减率稍微大一点，由此可知，对流层是一种存在水蒸气的环境。

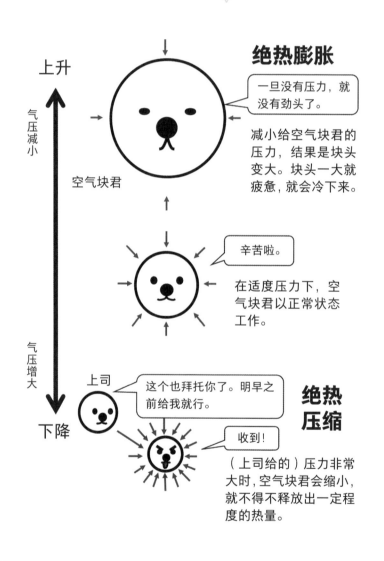

干绝热变化

绝热膨胀

> 一旦没有压力，就没有劲头了。

减小给空气块君的压力，结果是块头变大。块头一大就疲惫，就会冷下来。

上升

气压减小

空气块君

> 辛苦啦。

在适度压力下，空气块君以正常状态工作。

气压增大

上司
> 这个也拜托你了。明早之前给我就行。

绝热压缩

> 收到！

（上司给的）压力非常大时，空气块君会缩小，就不得不释放出一定程度的热量。

下降

46

湿绝热变化

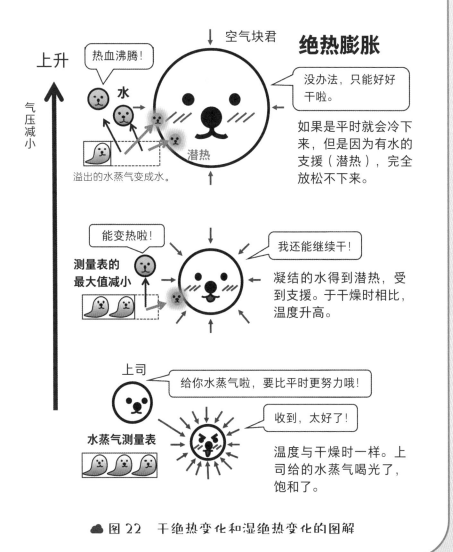

● 图 22 干绝热变化和湿绝热变化的图解

 **孕育积雨云的大气条件**

　　缓缓地向上生长的入道云如同一幅夏季的风景诗画，入道云是一种俗称，在气象学上称为**浓积云**。浓积云继续成长所形成的积雨云也是落雷、阵风、局地大雨的成因之一，在电视的天气预报节目上会显示例如"大气状态不稳定，局地可能有雷雨"来提醒大家注意。让我们来思考一下，发展出积雨云的不稳定大气是一种什么样的状态。

　　强迫空气块君从某一高度上升时，上升之后的空气块君的行为会被周围空气的气温直减率所影响（图 23）。首先，所谓的稳定大气状态是指，被强迫抬升的空气块君的温度比周围空气的气温低，相对变重而下降，想要返回到原先高度的状态。与此相对，在不稳定的大气状态中，被抬升的空气块君比周围空气的气温高，相对来说比较轻，所以会自发地进一步上升。

　　在周围空气的气温直减率比湿绝热直减率小的情况下，即使让饱和的空气块君上升，空气块君也比周围空气的温度低，变成相对比较重的状态，垂直向下（负）的浮力起作用（**绝对稳定**，图 23①）。

　　周围空气的气温直减率如果比干绝热直减率大，即使让不饱和的空气块君上升，空气块君也比周围空气的温度高，变成相对比较轻的状态，垂直向上（正）的浮力起作用，空气块君会自发地上升（**绝对不稳定，图 23 ②**）。

在周围空气的气温直减率比湿绝热直减率大、比干绝热直减率小的情况下，空气块君如果饱和就会不稳定，如果没饱和就会稳定（**条件性不稳定，图 23 ③**）。从春季到秋季，在中国北方、韩国、日本附近，这种条件性不稳定状态很多。另外，在大气中有时还会出现越往上气温越高的逆温层、绝对稳定的稳定层这样的层，对流层顶也相当于一种这样的层。

下面我们来看一下在条件性不稳定大气中发展成的积雨云内的空气块君的运动（图 24 ）。

强迫不饱和的空气块君从大气下层上升时，空气块君的温度因为干绝热直减率而下降，在某一个高度上达到饱和，开始凝结。我们将这个高度称为**抬升凝结高度**，其大体上与云下部的高度（**云底高度**）相对应。

另外，抬升空气块君时，空气块君的温度因湿绝热直减率而下降，当超过某一个高度时，其温度变得比周围空气的温度高。我们将这个高度称为**自由对流高度**，在比该高度更高的上空，空气块君会自发地上升。

空气块君继续上升，在某一个高度上，空气块君的温度变得比周围空气的温度低，并且不能再继续上升。我们将这个高度称为**平衡高度（中立高度、零浮力高度）**，其大体上与云上部的高度（**云顶高度**）相对应。

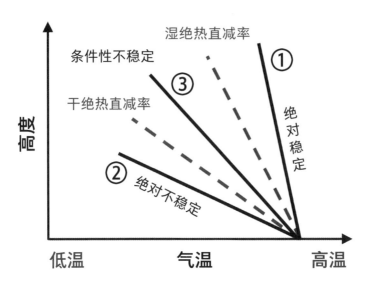

①绝对稳定

无论是饱和还是不饱和，终点的周围过热都会下沉……

※ 通过下沉回到原先的位置，所以稳定

②绝对不稳定

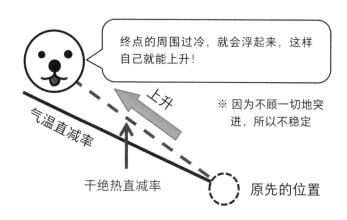

终点的周围过冷，就会浮起来，这样自己就能上升！

上升

气温直减率

干绝热直减率

※ 因为不顾一切地突进，所以不稳定

原先的位置

③条件性不稳定

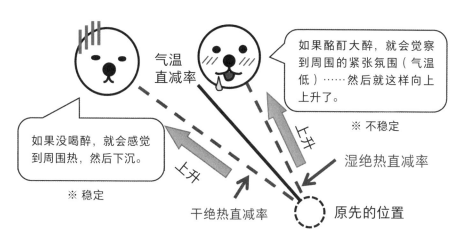

气温直减率

如果酩酊大醉，就会觉察到周围的紧张氛围（气温低）……然后就这样向上上升了。

※ 不稳定

湿绝热直减率

如果没喝醉，就会感觉到周围热，然后下沉。

上升

※ 稳定

上升

干绝热直减率

原先的位置

☁ 图 23　周围大气的气温直减率所引起的稳定度差异

51

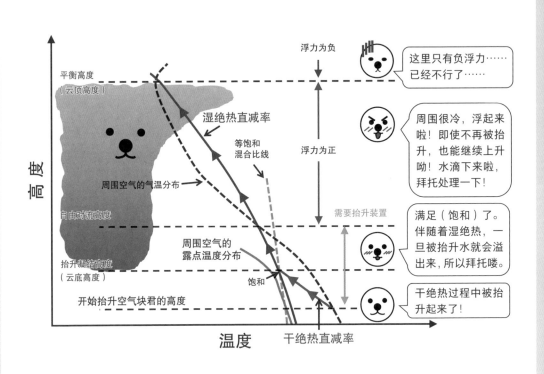

● 图 24 湿润空气抬升时的状态变化

但是，上升的空气块君不是在平衡高度停止，而是向平衡高度的上方涌起来一些再被推回去。我们将这一现象称为**过冲**，在成熟的积雨云上经常能看到这种现象。

从春季到秋季，平衡高度在大多数情况下是对流层顶高度，所以比较容易形成较厚的积雨云。"大气状态不稳定"这一状况在上空冷空气流入时低温化，或者在下层大量的水蒸气流入等情况下变得显著。在这些情况下，自由对流高度变低，平衡高度变高。于是，只要略微抬升下层空气，积雨云就会发展起来，进而积雨云发展后的最大高度也会变大。

5

云和风的关系

风吹起来的原因

云看起来似乎是自由自在浮在空中的，然而高空与地面相比，越是没什么东西的地方风越强，在大气（对流层）上层有时会盛行西风。因为风对云的形状的影响非常大，所以从云的形状和运动也能了解高空的风。那么，风是怎样吹起来的呢？

如果在有风的日子来到户外，你就能够亲身感受到空气扑面而来。因为空气运动变成了风，那么肯定有力来推动空气。其中具有代表性的一种力是由于气压的不同而产生的**气压梯度力**。让我们来思考一下被**高气压**和**低气压**夹带的空气的运动吧（图25）。

要说起来，所谓的高气压是与周围空气相比气压较高，所谓的低气压是与周围空气相比气压较低，并不存在"从几百帕开始算是高气压或者低气压"的那种绝对标准。

因为高气压的地方比低气压的地方更重，推力比较强，所以在它们所夹带的空气中会受到高气压推挤低气压的那种力（**气压梯度力**）的作用。因此，空气逐渐向低气压运动起来，产生一种风从高气压吹出、向低气压集合的流动。

下一次，在电视天气预报节目中看天气图的话，试着想象一下高气压和低气压相互冲撞和推搡的样子吧。

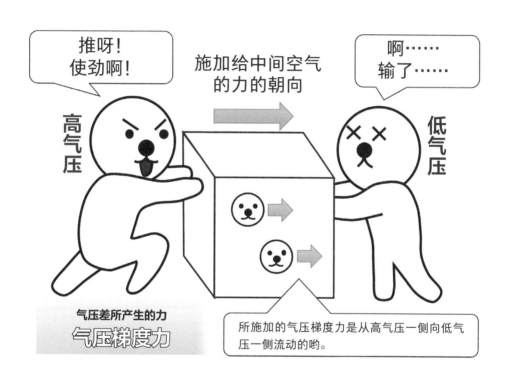

图 25　气压梯度力的图解

气团交界的"锋"

电视上的天气预报节目经常使用"锋"这个词，锋和云有着密切的联系。

锋是在密度、气温、水蒸气含量、风等性质不同的两种空气相接触时，用来定义这些空气在地面上的交界线的词。一定程度上，在水平方向很宽的范围内性质相同的空气被称为气团，在地面天气图上，宽度大于1000千米的气团交界上会标识出锋。气团之间的交界也向高空延伸，高空中的气团交界被称为**锋面**。

因为形成锋的气团的密度（重量）不同，所以在锋上，较轻的空气搭乘在较重的空气上成为上升气流，形成云。地面天气图上所展现的锋包括冷锋、暖锋、锢囚锋、静止锋。让我们来试着对比一下某一天的地面天气图（图26）和云的分布图（图27），就可以看出来，

云朵小知识

锢囚锋：冷锋赶上暖锋而叠置时的地面锋。暖锋前的冷气团比冷锋后的冷气团更冷时，是暖式锢囚锋；冷锋后的冷气团比暖锋前的冷气团更冷时，是冷式锢囚锋；锢囚锋前后的气团属性差不多时，是中性锢囚锋。中国东北地区是锢囚锋活动最多的地区。

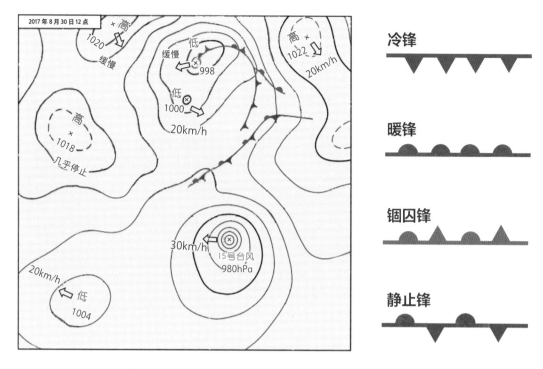

冷锋

暖锋

锢囚锋

静止锋

图26　2017年8月30日，日本当地时间12点，地面天气图中的各种锋

图27　2017年8月
29日，日本附近的云

Suomi NPP卫星拍摄的可见光图像，图像来自美国国家航空航天局（NASA）地球观测卫星数据及信息系统（EOSDIS）中的世界视角（Worldview）网站（后文中简称为NASA EOSDIS Worldview网站）

59

浓厚的云是与锋相对应的，延伸很广。

美国的地面天气图上还有一种被称为**干线**的锋，这种锋是在水蒸气含量不同的气团之间形成的。

此外，即使空气性质相同，风速、风向不同的空气相接触时，它们的交界会被称为**切变线**。**切变**（shear）是"剪切、错位"的意思，风向和风速的变化称为**风切变**，水平方向上风的变化称为**水平风切变**，垂直方向上风的变化称为**垂直风切变**。

水平风切变时，气团发生碰撞，没有去处的空气就会变成**上升气流**，成为产生云的主要原因。

锋也包括在水平方向上宽度（**水平尺度**）较小的**局地锋**，或者由于海洋和陆地温度差的日变化等而产生的海陆风所伴随的锋（第4册第1章）、积雨云发展所带来的**阵风锋**（第4册第3章）、气旋接近沿岸区域时出现的**沿岸锋**（第4册第4章）等，锋的种类涉及许多方面。这些都是在地面天气图上完全表现不出来的略微小一些尺度（**中尺度**）的气象现象，然而它们对云的产生和降水的强化也会起到重要作用。

神秘的涡旋

如果通过卫星观测来观察地球，能看到很多涡旋。这些涡旋是旋转的空气，它们通过流动可视化成为云。

涡旋因为旋转轴朝向的不同，名称也不同。旋转轴垂直于地面且在水平方向上旋转的涡旋称为**垂直涡旋**，旋转轴位于水平方向上并且在垂直方向上旋转的涡旋称为**水平涡旋**。

台风、气旋属于垂直涡旋，受**科里奥利力**这种地球自转的影响，它们呈现出了这样一种特征：在北半球是逆时针旋转的，在南半球是顺时针旋转的。但是，这些规律仅限于地面天气图上体现出来的比较大尺度（**宏观尺度**）的涡旋。对

> **云朵小知识**
>
> 科里奥利力：在考虑地球自转影响时，又称为地转偏向力，是指由于地球自转运动而作用于地球上运动质点的偏向力。

于**中尺度**的涡旋，虽然地面天气图上没有体现出来，但是如果是几百千米大小的气旋，也会因为科里奥利力的影响而向着逆时针方向旋转，积雨云内的小涡旋等不会受到科里奥利力的影响（第4册第4章）。

此外，龙卷风等更小尺度（**小尺度**）的涡旋也不会受到科里奥

利力的影响，向哪个方向都能旋转。

涡旋产生的原因是多种多样的。例如，在某一天的卫星图像中显示的日本海上一个大的逆时针涡旋，它是高空的偏西风过度蜿蜒流动、分离所形成的**冷涡**（图28）。冷涡流动中的一部分存在小的涡街，这里的水平风切变很大，风发生了错位。在存在水平风切变的环境中，大气是不会出现能量沉降的，而是通过水平风切变不稳定，形成涡街。

伴随着水平风切变不稳定的涡旋的间隔会因涡旋水平尺度的不同而不同，图28的涡旋具有几百千米以上的间隔，但是在龙卷风等情况下也可能在几百米的间隔上产生涡旋。

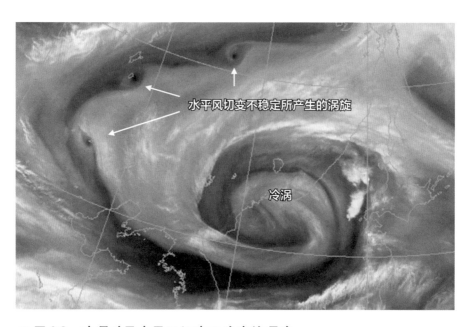

水平风切变不稳定所产生的涡旋

冷涡

☁ **图 28　冷涡以及水平风切变不稳定的涡旋**

2017年5月14日23点，"向日葵8号"拍摄的水汽图。来自日本气象厅网站

涡旋生成之后的成长方式也是多种多样的。龙卷风的发展，就像花样滑冰选手在做旋转动作之前会将伸展着的腿部和手臂收回到身前从而增加旋转速度，这样能用**角动量守恒定律**来说明的情况很多。在伴有龙卷风的垂直涡旋之中，积雨云的上升气流将涡旋拉升到高空使其增强，此外，通过水平涡旋的抬升等也会被增强（图29）。关于台风、温带气旋的涡旋的成长方式，会在第4册第4章中介绍。

风向上空错位（存在垂直涡旋）的情况下，像棉花样的积云逐渐消散时，有时会现出马蹄形状的云。这种云是将马蹄涡这种涡旋可视化而形成的，水平涡旋是因为积云所产生的小规模上升气流等而产生的，可以将其想象成一根变形的涡旋管（图30，图31）。

综上所述，在离我们相当近的地方，就有很多涡旋存在，它们有时候由于云之类的现象而变得可见，从而在我们面前展现出它们的模样。

涡旋中也有可以导致灾害的云，但是对于那些善良的云，我们还是一起开心地欣赏它们吧。

角动量守恒定律

质量 × （半径）^{2} × 角速度 = 常量

例：当半径降为十分之一，角度会增大 100 倍

1 被积雨云的上升气流抬升，
旋转的半径变小时……

角速度

2 龙卷风制造机诞生！

3 水平涡旋上升，
引起垂直涡旋加强！

垂直涡旋

被上升气流
拉拽而上升！

水平涡旋

☁ 图 29　垂直涡旋加强的图解

图 30　积云所展现出的马蹄涡

2014 年 12 月 7 日摄于日本新潟县新潟市，藤野丈志供图

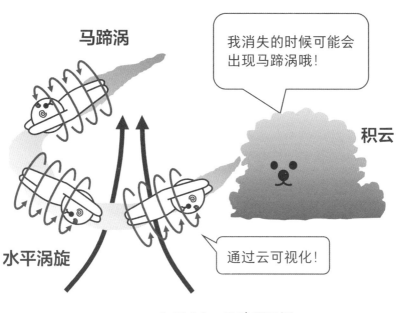

图 31　马蹄涡图解

好美好美
白云

著作权合同登记号：图字：01-2023-3890

图书在版编目（CIP）数据

超有趣的云科学．①，云从哪里来／（日）荒木健太
郎著 ；宋乔，杨秀艳译． — 北京 ：中国纺织出版社有
限公司，2023.10
    ISBN 978-7-5229-0977-6

Ⅰ．①超… Ⅱ．①荒… ②宋… ③杨… Ⅲ．①云—儿
童读物 Ⅳ．①P426.5-49

中国国家版本馆 CIP 数据核字（2023）第 167815 号

责任编辑：史倩 林双双 责任校对：高涵 责任印制：储志伟

中国纺织出版社有限公司出版发行

地址：北京市朝阳区百子湾东里 A407 号楼 邮政编码：100124

销售电话：010—67004422 传真：010—87155801

http://www.c-textilep.com

中国纺织出版社天猫旗舰店

官方微博 http://weibo.com/2119887771

北京利丰雅高长城印刷有限公司印刷 各地新华书店经销

2023 年 10 月第 1 版第 1 次印刷

开本：710×1000 1/16 印张：36.5

字数：242 千字 定价：188.00 元（全 5 册）

大自然的每一个领域都是美妙绝伦的。

Every field of nature is wonderful.

如何写好  自然观察笔记

大自然是世界的窗户，它联接了无数美妙的事物。上有宇宙浩渺，中有万千气象，下有亿万生灵。学会写自然观察笔记，可以帮你更好地认识周围的世界，培养对大自然和生命的热爱。写自然观察笔记，就像是记录一个奇妙的发现之旅。让我们一起开始吧！

第 1 步：选择观察对象

选择一个你感兴趣的自然对象，可以是花朵、昆虫、小动物、树木，甚至是云彩和天空。记得选择一个容易观察的对象，这样你就能更仔细地观察它的特点和变化了。

第 2 步：准备工具

准备铅笔、彩色笔、笔记本和放大镜等，画出你所看到的东西，让自然观察变得更有乐趣。

第 3 步：观察细节

在确认周边安全的前提下，仔细观察你选择的自然对象。你可以观察它的颜色、大小、形状、纹理等特点。同时，也注意观察它的行为，比如花朵是否吸引蜜蜂，昆虫是如何爬行的，云朵是如何变化的，等等。

第 **4** 步：用图画和文字记录

你可以画出观察对象的形状、颜色，也可以用文字描述它的特点。例如，"花瓣呈粉红色，细腻如丝绸"或者"云朵大簇大簇的，浓密而白皙"，等等。

第 **5** 步：记录时间和地点

别忘了在笔记上写下观察的时间和地点。时间可以是具体的日期和时刻，地点可以是花园、公园或森林。

第 **6** 步：记录你的问题

在观察过程中，你可能会发现一些问题，比如，为什么花朵有不同的颜色？为什么云朵形状各异？写在笔记里，等你有机会就去探索和寻找答案吧。

第 **7** 步：分享你的发现

最后，别忘了与家人、朋友或老师分享你的观察笔记。他们可能会对你的发现感兴趣，并给予你更多的鼓励和支持。

写自然观察笔记是一个充满乐趣的过程。通过持续地观察和探索，随着时间的推移，你将发现更多美妙而有趣的事情，会更深入地了解大自然的奥秘。

愿你的笔记本永远充满着自然的奇迹！

观察地点：

我的观察笔记：

🐿 我今天的好问题：

观察日记

时间和天气

我要画出来

我的新发现

观察日记

介绍

今日观察对象

○ 日期: _____

○ 时间: _____

○ 天气: _____

○ 观察地点: _____

我的观察笔记

我今天的好问题：

○ 日期: ＿＿＿＿＿＿＿＿＿　　○ 时间: ＿＿＿＿＿＿＿＿

○ 天气: ＿＿＿＿＿＿＿＿＿　　○ 观察地点: ＿＿＿＿＿＿

今日 观察对象

我的
观察笔记

💡 **我今天的好问题：**_____
_____

日期: _____ 时间: _____

天气: _____ 观察地点: _____

今日观察对象

我的观察笔记:

_____

_____

_____

_____

我今天的好问题: ～～～～～～～～～～～～～～～～～～～～～～～～

日期：_____　　时间：_____

天气：_____　　观察地点：_____

今日观察对象

我的观察笔记：

_____

_____

_____

_____

_____

我今天的好问题：

日期：＿＿＿＿＿＿＿＿＿　　时间：＿＿＿＿＿＿＿＿＿＿

天气：＿＿＿＿＿＿＿＿＿　　观察地点：＿＿＿＿＿＿＿＿＿

★今日观察对象

我的观察笔记：

＿＿＿＿＿＿＿＿＿＿＿＿＿＿＿＿＿＿＿＿＿＿＿＿＿＿＿＿

＿＿＿＿＿＿＿＿＿＿＿＿＿＿＿＿＿＿＿＿＿＿＿＿＿＿＿＿

＿＿＿＿＿＿＿＿＿＿＿＿＿＿＿＿＿＿＿＿＿＿＿＿＿＿＿＿

＿＿＿＿＿＿＿＿＿＿＿＿＿＿＿＿＿＿＿＿＿＿＿＿＿＿＿＿

我今天的好问题：＿＿＿＿＿＿＿＿＿＿＿＿＿＿＿＿＿＿＿＿

日期：＿＿＿＿＿＿ 时间：＿＿＿＿＿＿＿

天气：＿＿＿＿＿＿ 观察地点：＿＿＿＿＿＿＿

★ 今日观察对象

我的观察笔记：

我今天的好问题：＿＿＿＿＿＿＿＿＿＿＿＿＿

观察日记

时间和天气

我要画出来

我的新发现

观察日记

介绍

○ 日期: ＿＿＿＿＿＿＿＿＿　　○ 时间: ＿＿＿＿＿＿＿＿＿

○ 天气: ＿＿＿＿＿＿＿　　○ 观察地点: ＿＿＿＿＿＿＿

今日
观察对象

我今天的好问题：_____

_____

日期：＿＿＿＿＿＿＿＿＿　　时间：＿＿＿＿＿＿＿＿＿＿＿

天气：＿＿＿＿＿＿＿＿　　观察地点：＿＿＿＿＿＿＿＿＿＿

★ 今日观察对象

我的观察笔记：

＿＿＿＿＿＿＿＿＿＿＿＿＿＿＿＿＿＿＿＿＿＿＿＿＿＿＿＿

＿＿＿＿＿＿＿＿＿＿＿＿＿＿＿＿＿＿＿＿＿＿＿＿＿＿＿＿

＿＿＿＿＿＿＿＿＿＿＿＿＿＿＿＿＿＿＿＿＿＿＿＿＿＿＿＿

＿＿＿＿＿＿＿＿＿＿＿＿＿＿＿＿＿＿＿＿＿＿＿＿＿＿＿＿

我今天的好问题：

日期：＿＿＿＿＿＿＿＿＿　　　时间：＿＿＿＿＿＿＿＿＿＿

天气：＿＿＿＿＿＿＿＿＿　　　观察地点：＿＿＿＿＿＿＿＿＿

今日观察对象

我的观察笔记：

＿＿＿＿＿＿＿＿＿＿＿＿＿＿＿＿＿＿＿＿＿＿＿＿＿＿＿＿

＿＿＿＿＿＿＿＿＿＿＿＿＿＿＿＿＿＿＿＿＿＿＿＿＿＿＿＿

＿＿＿＿＿＿＿＿＿＿＿＿＿＿＿＿＿＿＿＿＿＿＿＿＿＿＿＿

＿＿＿＿＿＿＿＿＿＿＿＿＿＿＿＿＿＿＿＿＿＿＿＿＿＿＿＿

我今天的好问题：＿＿＿＿＿＿＿＿＿＿＿＿＿＿＿＿＿＿＿＿